AF586694

DU

MOUVEMENT DES EAUX

SUR LES CONTINENTS.

Tout Exemplaire non revêtu de la signature de l'auteur sera réputé contrefait.

Paris. — Imprimé par E. Thunot et Ce, 26, rue Racine.

DU
MOUVEMENT DES EAUX
SUR LES CONTINENTS.

Les étiages des cours d'eau diminuent sans cesse,
les lits et les hautes eaux s'élèvent de plus en plus.

Causes de la continuité de ce triple mouvement.

Moyens pratiques de le développer en sens inverse.

Par M. V. FABRÉ.

PARIS
DALMONT ET DUNOD, ÉDITEURS,
Précédemment Carilian-Gœury et V[or] Dalmont,
LIBRAIRES DES CORPS IMPÉRIAUX DES PONTS ET CHAUSSÉES ET DES MINES,
Quai des Augustins, n° 49.

1858

AVANT-PROPOS.

En présence des travaux gigantesques d'endiguement entrepris ou à entreprendre pour contenir les cours d'eau dans leurs lits, travaux dont la dépense est assez souvent en disproportion avec les intérêts agricoles qu'il s'agit de sauvegarder, nous nous sommes demandé si, dans cette lutte contre l'élément destructeur, l'homme avait quelque chance de succès : nous avons, hélas! acquis la triste conviction que les nouvelles digues seront emportées comme les précédentes, comme celles qui les suivront; c'est une question de temps : très-fortes elles dureront davantage, mais leur chute inévitable sera suivie d'un cataclysme proportionnel à cette durée même.

S'il n'existait pas de remèdes, nous conseillerions encore d'abandonner des travaux qui portent avec eux le germe du mal. Laisser aux eaux la liberté de s'étendre, de s'emmagasiner sur tout le parcours, c'est prévenir ces crues énormes qui menacent d'engloutir les villes elles-mêmes. Il y aurait, sans doute, des pertes de récoltes plus nombreuses au commencement; mais les dépôts limoneux rendraient en fertilité au sol ce que les eaux font perdre de travail humain. Bientôt, d'ailleurs, les niveaux des plaines s'élèveraient assez pour n'avoir à redouter que ces grandes crues qui se reproduisent de loin en loin, tous les dix ans au plus.

Nous ne sommes pas, heureusement, réduit à cette triste extrémité, le remède existe, et il peut rendre au sol toute sa virginité; qu'on nous pardonne cette expression, elle est justifiée par les considérations qui suivent.

DU

MOUVEMENT DES EAUX

SUR LES CONTINENTS.

L'eau qui alimente les continents, soit qu'elle se meuve à la surface du sol, soit qu'elle provienne des sources les plus profondes, est toujours le résultat de la pluie; tout le monde est d'accord à cet égard.

La pluie, en tombant, se divise en trois parties: la première retourne dans l'atmosphère sous forme de vapeurs; la seconde entre dans la terre: après l'avoir fertilisée, elle continue son mouvement de pénétration et va alimenter les sources; la troisième, enfin, se meut à la surface, s'y réunit en filets d'eau de plus en plus importants et se rend à la mer.

La seconde comme la troisième alimentent les cours d'eau; mais tandis que les sources débitent d'une manière continue le liquide reçu, au contraire, l'eau superficielle s'écoule rapidement, grossissant outre mesure les torrents, les rivières et les fleuves, pour disparaître presqu'en même temps que la pluie.

Si la surface de la terre devenait complétement imperméable, les sources n'étant plus alimentées, les cours d'eau se transformeraient en torrents, débitant d'énormes quantités de liquide par les temps d'orage, de pluie et de fonte de neige, et tarissant bientôt après.

Si, au contraire, la perméabilité du sol était telle qu'il y eût pénétration de toute l'eau tombée du ciel, l'étiage des fleuves et rivières constituerait un régime permanent; mais cet étiage serait bien plus élevé que celui qui existe de nos jours.

Ainsi, dans le premier cas, le débit serait nul à l'étiage; dans le second, il y aurait peu de différence entre les hautes et les basses eaux.

Dans les pays vierges, la végétation est vigoureuse et abondante, le sol est recouvert de débris végétaux d'une consistance spongieuse, le soleil pénètre difficilement dans ce milieu excessivement fourré et l'eau a de la peine à s'y mouvoir : toutes ces circonstances rendent l'évaporation et le mouvement du liquide à la surface très-difficiles, le sol se rapproche donc de cet état de perméabilité absolu dont nous venons de parler.

La civilisation, en condensant les populations sur de petits espaces, rend nécessaire la mise en culture de tous les terrains : défrichements de bois, destructions des plantes parasites, labours multipliés sur les pentes, desséchements des marais et réservoirs naturels, asséchements des plaines par des canaux, des fossés et même par le drainage; toutes ces opérations contribuent à diminuer la part des sources et à augmenter les deux autres. Bientôt l'eau entraîne sur les pentes les terres fraîchement remuées, et le roc, mis à nu, oppose un obstacle moindre encore au mouvement superficiel, et l'aliment des sources se réduit encore.

L'exhaussement du lit des fleuves et rivières, et toutes les conséquences graves qu'il entraîne, est, en outre, la conséquence de ce mouvement rapide des eaux à la surface. D'abord les terres entraînées vont s'étaler aux embouchures des cours d'eau et dans les vallées : l'agriculture en tire immédiatement un parti fructueux ; dans ce but elle les isole, par des digues, du lit fluvial qui, sans cette précaution, y causerait des ravages lors des fortes crues. Malheureusement les nouveaux remblais, ainsi compris entre deux chaussées, exhaussent plus rapidement cet espace.

Bientôt les roches elles-mêmes décomposées, sous l'influence successive de la gelée, de l'humidité et du soleil, se détachent en fragments plus ou moins volumineux et viennent apporter leur tribut au fleuve, s'arrêtant, suivant leur grosseur, aux endroits où la vitesse n'est plus suffisante pour les entraîner.

Il y a dans les cours d'eau, ainsi alimentés par des terrains de dépôts, une cause constante de changement d'état. Si à un endroit donné la vitesse est trop faible, les dépôts s'y forment ; mais ces matières diminuant la section d'écoulement, produisent un accroissement de vitesse qui, au bout d'un temps plus ou moins long, suffit pour en arrêter la continuation; les matières solides nouvelles sont alors transportées plus à l'aval, en d'autres endroits où elles opèrent de la même façon, et de proche en proche elles finissent par arriver aux embouchures. Dans ce mouvement en avant, les limons tiennent la tête, les sables viennent ensuite, et enfin les graviers de plus en plus volumineux.

Arrivés à la mer, les dépôts s'y étalent et finissent par convertir en plaine une partie de la surface liquide : de là un allongement de parcours du fleuve, par suite une diminution de vitesse qui favorise de nouveaux dépôts dans le lit de cet affluent. Ces nouvelles matières ramènent la vitesse à une intensité suffisante pour faire voyager jusqu'à la mer celles qui viennent ensuite, celles-ci prolongent encore le parcours fluvial, et ce mouvement peut ainsi se continuer indéfiniment, le fleuve s'allongeant toujours et s'exhaussant en même temps.

Il y a cependant dans la Méditerranée une cause qui arrête, ou ralentit du moins, le prolongement des fleuves : c'est le courant du littoral, qui sur nos côtes porte les eaux de l'est à l'ouest. Lorsque la lame, agissant sur le fond limoneux, occasionne un certain trouble dans les eaux, le courant porte à l'ouest ce liquide chargé de limons; il est remplacé par de l'eau limpide venant de l'est qui, à son tour, se charge de matières solides et continue son mouvement.

L'action de ce courant se fait peu sentir dans les

baies et golfes très-prononcés ; mais il agit au contraire avec beaucoup d'activité sur les points qui font saillie dans la mer ; le fleuve s'avançant toujours et l'action des courants devenant de plus en plus intense, il doit arriver un moment où tout nouvel allongement devient impossible.

Que se passe-t-il alors ? La vitesse de la partie inférieure du fleuve ne pouvant plus diminuer, les limons sont toujours transportés jusqu'aux embouchures et enlevés là par le courant maritime. La partie immédiatement au-dessus, dont le fond est tapissé de sable, recevant toujours ce genre de matières, les laissera déposer, si dans ce moment sa vitesse n'est pas suffisante pour les emporter ; mais bientôt cette vitesse augmentant par le fait de ce dépôt même, le sable sera transporté sur la partie qui ne recevait avant que des limons, et successivement de la même façon les matières de plus en plus difficiles à mettre en mouvement s'avancent vers les embouchures. A l'arrivée des sables, le courant du littoral ayant plus de peine à les emporter, la saillie du fleuve dans la mer peut encore augmenter ; bientôt un nouvel équilibre s'établit, et en continuant de la même façon, on voit les graviers de plus en plus lourds occuper les embouchures. Ce mouvement n'a donc pas de limites, ces changements de nature du lit fluvial sont d'ailleurs accompagnés d'accroissements de vitesse et de diminution de section qui rendent la navigation de plus en plus difficile.

Sans doute toutes ces transformations sont fort

lentes ; mais on peut affirmer qu'un état permanent, un état normal, dans les circonstances actuelles, n'existe pas pour les cours d'eau.

Ainsi les étiages diminuent sans cesse, les hautes eaux s'élèvent de plus en plus. Les lits s'exhaussent toujours et les vitesses croissent avec cet exhaussement ; tel est l'état actuel des choses.

Quand nous disons que le lit s'exhausse, cela ne veut pas dire qu'une épaisseur uniforme de matières se dépose sur cette surface. Il y a des parties qui ne s'exhaussent jamais : ce sont celles où une section insuffisante y rend toujours la vitesse plus grande qu'à l'amont et à l'aval.

Dans un mémoire fort intéressant sous beaucoup de rapports, M. Bouvier, ingénieur en chef des ponts et chaussées, paraît croire que le lit du Rhône ne s'exhausse pas. Voici comment il raisonne : Après avoir démontré d'une manière inattaquable que sous les Romains l'étiage était au moins à la hauteur de celui actuel, il dit : Si le lit du fleuve s'était élevé, il en aurait été de même de l'étiage ; or comme nous venons de voir que ce dernier est plutôt au-dessous qu'au-dessus de celui des Romains, il doit en être de même du lit du fleuve. Ceci suppose, comme on le voit, que sous les Romains la section de débit à l'étiage égalait celle actuelle ; mais il n'en est certainement pas ainsi : sous les Romains il coulait beaucoup plus d'eau dans cet état du Rhône que de nos jours, et la section à cette époque devait égaler celle actuelle, augmentée de la quantité dont le lit s'est exhaussé et augmentée encore de la différence de niveau entre les deux étiages.

Le mémoire dont il s'agit cherche encore à établir que le fleuve est arrivé à un régime normal, et que de nos jours les inondations ne sont pas supérieures à celles des siècles passés. Il cite une crue du fleuve du 11 novembre 1548, qui a dépassé à Avignon de 0m.26 celle de 1856, la plus élevée de notre époque. Le fait est constant : une inscription trouvée sur une maison à Villeneuve, en face d'Avignon, le constate d'une manière irréfutable. Nous ne partageons pas cependant les éléments de sécurité que semble y puiser l'auteur, et nous affirmons que si un concours de circonstances semblable à celui qui a amené la crue de 1548 se produisait, on aurait à Avignon une hauteur d'eau bien plus considérable qu'à cette époque ; car certainement le sol était beaucoup plus perméable il y a trois siècles qu'aujourd'hui, et les digues ne restreignaient pas autant la section d'écoulement.

Les fleuves présentent quelquefois, dans la composition de leurs lits, certaines anomalies qui ne s'expliquent pas, au premier aperçu, au moyen de ces lois générales, comme l'existence au même endroit de plusieurs natures de dépôts. Elles proviennent des changements brusques qu'amènent les crues diverses dans le régime ; en certains endroits où il y avait de grandes vitesses, des remous et même des vitesses en sens inverse peuvent modifier la nature des matières déposées ; mais les effets généraux sont toujours conformes à ces lois.

Mais, fera-t-on observer avec justesse, si la civilisation tend à appauvrir le pays, cet état social est plutôt rétrograde que progressif; il en serait sans doute ainsi si le mal était sans remède, ou si ce remède n'était qu'un palliatif. Nous espérons démontrer, dans l'exposé suivant, que ce remède existe, et qu'on peut, par des travaux peu importants, relativement aux moyens dont dispose notre civilisation, constituer un sol supérieur à celui qui existait dans les âges primitifs.

Dans une lettre mémorable au ministre des travaux publics, l'empereur Napoléon III conseillait de ralentir la vitesse du liquide émanant des divers affluents, qui alimentent les grands cours d'eau, et il proposait, comme moyen d'arriver à ce résultat, la création de vastes bassins aux endroits indiqués par la configuration du sol. Les ingénieurs ont fait des études en s'en tenant à la lettre de cette dernière indication, et leurs recherches n'ont pas, à ce qu'il paraît, amené de solution favorable; ce genre de travail est donc à peu près abandonné. Suivant nous, MM. les ingénieurs chargés de ces études, n'ont pas accompli la mission qui leur était confiée, ils ne se sont pas assez pénétré de l'esprit de ce document : il est tout dans ces six mots, *ralentir la vitesse des eaux supérieures*; les grands réservoirs proposés étaient un moyen d'arriver au but, mais ce n'est heureusement pas le seul.

L'aspect d'un fleuve et de tous ses affluents présente un tronc qui prend racine dans la mer, diverses branches principales, les rivières qui l'alimentent, des branches secondaires, les cours d'eau d'un ordre inférieur qui se jettent dans ces dernières, et enfin une infinité de petits affluents très-multipliés, surtout dans les pays de montagne.

Si l'on examine avec attention la manière dont s'opère le mouvement du liquide, on constate que la vitesse, très-faible aux embouchures, s'accélère de plus en plus à mesure qu'on se rapproche des sources et du sommet des divers affluents.

Si maintenant on considère une portion quelconque d'un cours d'eau, on peut remarquer : 1° que pendant la crue, l'eau reçue se divise en deux parties, une qui est emmagasinée, l'autre qui ne fait que passer; 2° que le niveau restant stationnaire, toute l'eau reçue ne fait que passer; 3° enfin que pendant le mouvement de décroissance, cette partie du cours d'eau débite plus d'eau qu'elle n'en reçoit.

Si, sans rien changer aux diverses sections de cette portion fluviale, on diminue sa vitesse, et si la partie supérieure continue à lui envoyer pendant la crue, la même quantité d'eau, elle en laissera évidemment moins passer, puisque sa vitesse est moindre, et par conséquent en emmagasinera davantage; pendant le mouvement de décroissance, laissant aussi moins passer d'eau, ce mouvement sera plus lent. A la limite, si la vitesse était nulle, elle emmagasinerait tout pendant la crue et ne laisserait rien sortir pendant le mouvement de décroissance.

Ainsi plus on ralentit la vitesse d'une partie quelconque d'un fleuve, moins celle-ci transmet de liquide à la partie inférieure pendant la crue, et plus lentement aussi se débite le volume emmagasiné. Au contraire, plus on active cette vitesse, plus la portion considérée transmet de liquide à la partie inférieure et plus rapidement aussi elle se débarrasse de celui qu'elle a emmagasiné.

Si donc on augmente la vitesse des parties immédiatement en contact avec la mer, ces parties emmagasinent moins de liquide, les crues y sont moins fortes et elles baissent plus rapidement pendant le mouvement de décroissance. De plus, comme le niveau stationnaire s'établit dans le fleuve lorsque la quantité d'eau reçue par la mer est égale à celle affluente, cette quantité reçue étant plus considérable, le niveau stationnaire ou des plus hautes eaux s'établira plus tôt, ou, ce qui revient au même, le mouvement de croissance perdra une partie de son développement.

Si, au contraire, on diminue la vitesse des parties supérieures, celles qui se trouvent en pays de montagne, elles emmagasineront davantage, transmettront moins de liquide aux parties inférieures pendant la crue et débiteront après avec plus de lenteur celui emmagasiné.

En général, près des embouchures, les terrains sont bas et facilement inondés; une diminution de la hauteur des crues et de leur durée procure donc des avantages incontestables sous le rapport agricole. Une accélération de vitesse en ces endroits, où elle est fort petite, tend d'ailleurs à diminuer les dépôts, et améliore par suite la navigation du fleuve.

En pays de montagne, les cours d'eau sont encaissés, et les crues causées par une diminution de vitesse sont sans danger. Cette diminution favorise d'ailleurs les dépôts limoneux et donne une certaine zone de terrains fertiles en des endroits où ils deviennent de plus en plus rares; enfin le séjour plus prolongé et en plus grande abondance du liquide, facilite les infiltrations qui vont alimenter les sources.

Comment peut-on accélérer la vitesse des fleuves aux embouchures? Les moyens, nous en convenons, sont fort limités; c'est en général en rectifiant leur lit et diminuant ainsi l'espace à parcourir pour se rendre à la mer. Dans certaines circonstances cependant, ce procédé peut avoir beaucoup d'efficacité. Par exemple, le parcours actuel du Rhône d'Arles à la mer est de 48 kilomètres, en faisant une dérivation de ce fleuve au Valcarès, immense étang qui, avec ceux qui le suivent jusqu'à la mer, a une étendue de 20,000 hectares environ; on réduirait ce parcours de 14 kilomètres et demi (cette nappe d'eau étant considérée comme la mer elle-même). Cette dérivation n'aurait, bien entendu, pas besoin d'être creusée, il suffirait d'édifier deux digues parallèles de 4 mètres de hauteur moyenne, laissant entre elles un espace de 3 à 400 mètres, et de supprimer l'endiguement actuel du fleuve en cet endroit; les deux ou trois premières crues se chargeraient du creusement du lit de ce nouveau bras, et lorsqu'il aurait atteint la section de celui qui existe, la vitesse moyenne, dans le nouveau, serait à celle actuelle pour une même hauteur d'eau dans le rapport de

$$\sqrt{\frac{48}{14,500}} = 1^{m},80 \text{ à } 1,$$

c'est-à-dire presque double. La hauteur au-dessus de l'étiage ($5^{m}.60$) nécessaire pour débiter un volume d'eau semblable à celui de la crue de 1856, serait réduite à environ $3^{m}.50$. Les digues à construire partant d'un point situé à 300 mètres en amont de l'endroit dit le Fort de Pâques, auraient en tout 16 kilomètres de longueur. Au prix de 60 fr. le mètre courant, y compris l'empierrement des talus intérieurs, elles occasionneraient une dépense de 960,000 fr.; en y ajoutant l'achat des terrains (300 hectares dont la moitié est en nature de marais), une petite digue d'un mètre de hauteur moyenne longeant la Valcarès et les étangs contigus jusqu'à la mer (elle existe sur une grande partie du parcours), enfin un pont volant pour communiquer avec la portion de la Camargue isolée par ce nouveau bras du fleuve, on arriverait probablement à une dépense de 1,500,000 fr.

Un semblable travail garantirait beaucoup mieux les territoires d'Arles, de Beaucaire et de Tarascon que cet échafaudage de digues qu'on exécute ou qu'on va entreprendre, et qui seront emportées comme les précédentes et comme les suivantes, jusqu'à ce que, forcé de renoncer à ce genre de défense, dont déjà en bien des endroits les frais sont en disproportion avec les intérêts qu'ils sauvegardent, nous regrettions amèrement de ne l'avoir pas fait plus tôt.

On objectera peut-être que le Valcarès et les étangs inférieurs s'alluvionneront bientôt et qu'on perdra alors tous les avantages de ce nouveau dispositif. Nous répondrons qu'en supposant même un parcours du fleuve étendu jusqu'à la mer, il aura seulement 34 kilomètres au lieu de 48. N'est-ce rien ensuite que l'atterrissement de 20,000 hectares qui ont maintenant une valeur à peu près nulle, et qui atteindront alors celle de 40 à 50 millions? Il y a là, certainement, de quoi tenter une compagnie financière.

L'amélioration des embouchures serait une conséquence naturelle des nouvelles dispositions. Là, ce qu'il faut empêcher, ce sont ces immenses dépôts amenés par les crues, qui exhaussent toutes les surfaces contiguës au débouché et ces débouchés mêmes, dépôts que le courant maritime est encore impuissant à détruire d'une manière complète, les quantités amenées étant supérieures à celles enlevées : supprimez l'arrivée de nouveaux dépôts en faisant déboucher le fleuve à l'ouest dans une baie très-prononcée, et bientôt les passes du lit actuel, qui ont une forte saillie dans la mer et sur lesquelles par conséquent le courant maritime a une action énergique, offriront en toutes saisons une profondeur considérable.

Le projet du canal dit de Saint-Louis ne présente pas, à beaucoup près, les mêmes avantages; son débouché au fond d'une baie fortement entaillée dans les terres est complétement dérobé à l'action du courant du littoral, et les eaux troublées par la lame doivent s'y déposer intégralement. D'ailleurs cette entrée dans la mer, quoique située à l'est des embouchures du fleuve, n'en est pas assez éloignée; elle est certainement comprise dans la zone des terrains directement exhaussés par les alluvions, avec la circonstance aggravante de se dérober à l'action du courant maritime qui pourrait les enlever.

Mais ne donnons pas à cette question, qui arrive ici d'une manière incidente, un plus grand développement; on trouvera d'ailleurs, dans ce qui va suivre, une solution bien supérieure de tous ces problèmes.

Comment peut-on diminuer la vitesse des cours d'eau? Par des barrages. L'interposition d'un barrage a pour effet évident de diminuer la vitesse des eaux à l'amont; de plus, en déversant, elles arrivent à l'aval dans une direction à peu près verticale avec un choc qui détruit toute la vitesse acquise dans cette chute, et alors le mouvement se conforme à celui du liquide de la partie inférieure. En établissant donc une suite de barrages convenablement espacés, eu égard à leur hauteur et à la pente du lit du cours d'eau, on peut régler à volonté la vitesse du liquide.

Il ne s'agit pas ici, bien entendu, de digues étanches, comme celles des bassins de retenue, mais de simples murs en pierres sèches recouverts à l'amont d'un talus de pierrailles ou de graviers; le tout construit à peu de frais avec les matériaux qu'on trouve en pays de montagne, dans le lit même de ces cours d'eau. Ces constructions grossières laisseront évidemment filtrer l'eau; mais comme dans son mouvement à travers cette masse solide elle perdra à très-peu près toute sa vitesse, l'effet produit sera le même que si elle déversait au-dessus du barrage. D'ailleurs le liquide, ainsi débité avec beaucoup de lenteur, ne donnera pas à l'intensité des crues un aliment appréciable. On peut ici faire une objection qui, au premier aspect, présente une certaine gravité, en disant que les dépôts limoneux combleront bientôt ces réservoirs. Nous lèverons cette objection en faisant une application au bassin de l'Ardèche; on peut, d'ailleurs, éviter le comblement des biefs en noyant à la partie inférieure des barrages un drain de quelques centimètres de diamètre, établissant un courant suffisant pour empêcher tout dépôt.

Sans étudier un projet particulier dans tous ses détails, nous allons cependant faire sentir la possibilité des applications pratiques.

Le bassin de l'Ardèche a environ 2,500 kilomètres carrés, et si l'on mesure tous les affluents grands et petits qui desservent cette contenance jusqu'à l'embouchure de cette rivière, on trouve à peu près aussi 2,500 kilomètres de développement; mais si partant du sommet des ramifications on mesure la longueur de chacune d'elles, depuis ce point jusqu'à l'embouchure dans le Rhône, le chiffre de ce développement est bien plus considérable. Admettons qu'on ne s'occupe que des vingt affluents principaux définis comme nous venons de l'indiquer, c'est-à-dire ayant pour longueur le développement compris entre leur sommet et l'embouchure : quoique soudés les uns aux autres deux à deux, trois à trois, etc, sur une partie de leur par-

cours, et enfin tous réunis aux embouchures de la rivière, on peut considérer ce qui se passe dans chacun d'eux séparément.

L'Ardèche proprement dite a un développement de 125 kilomètres, et la longueur moyenne des vingt affluents considérés est à peu près égale à ce développement. Nous avons donc en tout 2,500 kilomètres d'affluent, et l'on peut supposer que chacun de ces kilomètres reçoit les eaux directes qui s'écoulent d'un kilomètre carré de la superficie du bassin. Si donc chacun de ces kilomètres de longueur d'affluent était transformé en un bief capable de contenir l'eau fournie par cette surface lors des plus fortes pluies, tout le liquide du bassin serait emmagasiné, il n'en entrerait pas une goutte dans le Rhône. Il va sans dire que là où les affluents sont soudés deux à deux, trois à trois, etc., la contenance des biefs devrait être double, triple, etc.

Quelle devrait être la contenance de ces biefs ? Dans ces contrées la quantité de liquide qui tombe dans un an sur un mètre carré de surface égale sept dixièmes de mètre cube. Admettons qu'une pluie torrentielle de douze heures fournisse seule le dixième de ce volume, soit sept centièmes de mètre cube par mètre carré, et que dans ces circonstances l'eau qui pénètre le sol soit le septième de ce volume, il reste donc à débiter six centièmes de mètre cube, soit pour 1 kilomètre carré 60,000 mètres cubes. Chaque bief d'un kilomètre de longueur devrait donc avoir une section moyenne de 60 mètres carrés, soit par exemple 1 mètre de hauteur sur 60 mètres de largeur. Dans certaines parties des affluents, il est facile d'obtenir de pareilles contenances; mais la généralisation de ce dispositif deviendrait dispendieuse. Bornons-nous à des biefs du tiers de cette capacité, soit une section moyenne de 20 mètres de longueur sur 1 mètre de profondeur, et voyons comment les choses s'y passeront.

Considérons séparément un des vingt affluents; ce que nous allons en dire s'appliquera évidemment à tous les autres. Chaque bief pouvant contenir le tiers du liquide qui lui arrive directement, pendant les quatre premières heures de pluie il gardera toute l'eau reçue; à partir de ce moment il déversera dans l'inférieur une partie de la nouvelle quantité de liquide qu'il reçoit et emmagasinera l'autre. La quantité de l'eau écoulée dans un bief pendant les huit dernières heures est, comme nous l'avons dit, de 40,000 mètres cubes; il reçoit donc par seconde de temps $\frac{40000}{60 \times 60 \times 8}$, soit en nombre rond 1,400 litres.

Observons avec attention comment s'opère le mouvement. A son origine chaque bief débite seulement l'eau qu'il reçoit directement, qui est au maximum de 1,400 litres; nous disons au maximum, parce qu'en commençant chaque bief emmagasine, comme nous l'avons dit, une partie du liquide qu'il reçoit. A ce moment tous les biefs débitent donc la même quantité, puisqu'ils sont tous semblables et qu'ils reçoivent de la même manière la même quantité d'eau; c'est notre hypothèse. Bientôt le second débite aussi ce qui lui vient du premier, le troisième ce qui lui vient du second, et ainsi de suite : à ce moment donc le second et les suivants ont un débit uniforme qui se compose de leurs eaux directes et de celles des biefs immédiatement supérieurs ; quand au premier, il continue à débiter seulement son eau directe. Bientôt les eaux du premier bief qui ont atteint le troisième sont débitées par celui-ci, de même que les eaux du deuxième qui ont atteint le quatrième sont débitées par celui-ci ; de sorte que le troisième et les suivants débitent uniformément leurs eaux directes et celles qui viennent des deux biefs supérieurs. Pendant ce temps le premier continue à débiter ses eaux directes et le second les eaux directes du premier et du second; en suivant donc ce mouvement, on voit que les eaux du premier bief étant parvenues au $n^{\text{ème}}$, celui-ci et les suivants ont un débit uniforme qui embrasse les eaux directes des $n-1$ biefs supérieurs, et pendant ce temps chacun des $n-1$ premiers débite ses eaux directes et celles de tous les supérieurs.

A ce moment la pluie cesse et toutes les eaux superficielles sont rendues dans les biefs. Conformément à ce que nous venons de dire, le $n^{\text{ème}}$ bief a débité toutes les eaux directes des $n-1$ supérieurs; mais le débit du déversoir des embouchures est identique à celui du $n^{\text{ème}}$ bief, donc ce déversoir a aussi débité toutes les eaux directes qui se sont écoulées des $n-1$ biefs supérieurs. La quantité d'eau perdue par les embouchures, ajoutée à celle qui existe encore dans les biefs à ce moment, est égale à toute l'eau tombée du ciel ; or comme le liquide perdu par les embouchures provient seulement des $n - 1$ biefs supérieurs, il faut que les autres renferment encore tout celui qu'ils ont reçu directement.

Ce résultat paraît étrange au premier aperçu, mais en y réfléchissant bien, on voit clairement qu'il en doit être ainsi. Le second, par exemple, au moment où il commence à déverser les eaux du premier, a bien perdu avant cette époque une partie de ses eaux directes, mais elles ont été remplacées par une quantité égale venue du premier ; de sorte qu'il a en réalité à ce moment toute son eau directe et tous les suivants sont dans la même situation. A partir de cet instant le troisième perd son eau directe et celle du second bief, jusqu'au moment où il commence à déverser celle du premier ; mais pendant le même temps il reçoit du second une quantité égale à celle qu'il perd ; par suite, au moment dont il s'agit, il a encore toute son eau directe, et ainsi des autres.

Donc, à l'instant ou la pluie cesse, le $n^{\text{ème}}$ bief et les suivants contiennent 2 mètres de hauteur d'eau ou 40,000 mètres cubes au-dessus du seuil du barrage. Cherchons quel est, à cette époque, le débit de ces réservoirs, on en déduira facilement le rang n du réservoir le plus élevé, qui déverse cette quantité de liquide.

La section moyenne de ces biefs égale 20×3, la hauteur 3 mètres se composant de 1 mètre au-dessous du seuil du déversoir et 2 au-dessus. En admettant que les faces latérales le long des rives soient verticales, le périmètre mouillé de cette section égale 26 mètres. Si nous désignons par h la pente par mètre courant de la surface des eaux, la vitesse moyenne du liquide dans ce bief considéré comme un canal est :

$$56.86 \times \sqrt{\frac{60}{26} \times h - 0.072}$$

ainsi qu'on l'établit dans les traités d'hydraulique. Cette vitesse moyenne multipliée par la section détermine la quantité d'eau que débite ce canal par seconde : lorsque le mouvement est arrivé à un état normal, le premier bief débite 1,400 litres, le second deux fois 1,400, le troisième trois fois 1,400, le $n^{\text{ème}}$ n fois 1,400. On a donc :

$$60 \times (56.86 \times \sqrt{\frac{30}{13} h - 0.072}) = 1.400 \times n.$$

La pente par mètre courant étant h, il en résulte que la surface des eaux tranquilles près du déversoir est à (2 mètres moins 500 h) ; au-dessus de son seuil par suite le volume des eaux déversées en une seconde est :

$$m \times 20 \times \sqrt{18.62 \times (2 - 500\,h)^3}$$

Suivant la loi connue de cet écoulement (dans cette relation m désigne un coefficient qui doit être déterminé par l'expérience), ce volume doit aussi égaler 1,400 n ; on a donc :

$$60 \times (56.86 \sqrt{\frac{30}{13} h - 0.072}) = m \times 20 \times \sqrt{18.62 \times (2 - 500\,h)^3}$$

qui servira à déterminer h, et par suite n lorsqu'on connaîtra le coefficient m.

Ce coefficient n'a été déterminé que pour des valeurs de $(2 - 500\,h)$ comprises entre $0^{m}.01$ et $0^{m}.22$; pour suppléer à l'état d'ignorance dans lequel nous nous trouvons sur la valeur de m dans les circonstances actuelles, nous ferons remarquer que le mouvement dont il s'agit est caractérisé par un débit régulier de 1,400 litres par le déversoir supérieur, de deux fois ce volume par le suivant, de trois fois ce volume par le suivant, et ainsi de suite. Il en sera encore ainsi en donnant aux biefs 200 mètres de largeur au lieu de 20; mais alors la hauteur de la section moyenne se réduira à $0^{m}.30$, dont 0.10 au-dessous du seuil du déversoir et 0.20 au-dessus. Dans ces circonstances comme dans les précédentes, l'eau emmagasinée ajoutée à celle débitée aux embouchures, égale la totalité du liquide tombé du ciel. La relation précédente devient avec ces nouvelles données :

$$60 \times \left(56.86 \times \sqrt{\frac{60}{200} h' - 0.072}\right) = 200 \times m' \times \sqrt{18.62 \times (0.20 - 500\,h')^{3}}$$

m' et h' étant les valeurs de m et h qui conviennent dans ces nouvelles conditions.

Nous prévoyons qu'ici la quantité $(0.20 - 500h')$, ne s'éloignera pas beaucoup de $0^{m}.15$, et nous pouvons poser :

$$m' = 0^{m}.393$$

l'expérience ayant déterminé ce chiffre pour la hauteur $0^m.15$. On trouve effectivement alors :

$$h' = 0^m.00013 \quad \text{et par suite} \quad 0.20 - 500\,h' = 0.125.$$

Il en résulte un débit par le canal et par le déversoir égal à 17 mètres cubes qui correspond au douzième bief.

Ainsi avec une pluie uniforme d'une durée de douze heures sur 125 kilomètres carrés de superficie, s'écoulant dans un cours d'eau de 125 kilomètres de longueur et lui fournissant par seconde 1,400 litres sur chaque kilomètre de longueur, le débit maximum serait aux embouchures de 17 mètres cubes.

Les vingt affluents réunis qui, d'après notre supposition, desservent le bassin de l'Ardèche, donnent donc dans le Rhône 340 mètres cubes par seconde. A cet endroit la largeur du fleuve égale 300 mètres, et sa vitesse moyenne $1^m,60$ à l'étiage ; ces 340 mètres cubes occasionneraient une crue de

$$\frac{340}{300 \times 1.60} = 0^m.71.$$

Que produirait dans les circonstances actuelles une pluie semblable ? On se tient certainement au-dessous de la vérité en supposant à tous les affluents une vitesse moyenne de 3 mètres ; ainsi le kilomètre carré qui verse dans la partie de l'affluent située à 125 kilomètres de l'embouchure, donnerait dans la première seconde de son débit 1,400 litres d'eau qui parcourraient en douze heures 3×12×3,600 mètres, soit plus de 129 kilomètres, et qui arriveraient par conséquent avant la fin de la pluie au débouché dans le Rhône. A plus forte raison les autres surfaces plus rapprochées de cet endroit apporteraient aussi leur tribut avant la fin de la pluie; mais dès que les 1,400 premiers litres de 1 kilomètre carré sont arrivés aux embouchures, ce débit se continue au moins jusqu'à la fin de la pluie; ainsi les 2,500 kilomètres carrés doivent donner en même temps 1,400 litres par seconde dans le fleuve, soit 3,500 mètres cubes, plus de dix fois le volume précédent. En supposant que l'admission de cette énorme quantité d'eau porte la vitesse à 2 mètres, la crue serait de

$$\frac{3500}{300 \times 2} = 5^{m}.83.$$

Ainsi, l'Ardèche seule peut produire dans le Rhône une crue de 6 mètres environ, et nous pouvons même dire a produit, car la chose est arrivée en 1827.

Au moyen des formules précédentes, on pourrait déterminer le débit d'un affluent, en supposant tous les biefs alluvionnés jusqu'au niveau du seuil des déversoirs. Alors, dans ceux inférieurs la hauteur moyenne des eaux au-dessus des seuils égalerait 3 mètres à l'instant où la pluie cesse, ou $0^{m},30$, en supposant des biefs de 200 mètres de largeur. On trouverait probablement un débit de 25 à 30 mètres cubes par affluent, soit de 5 à 600 pour toute la rivière ; à ce débit correspondrait une crue du fleuve de 1 mètre environ.

Cette diminution considérable du débit maximum doit être naturellement compensée par une augmentation de durée ; quel sera le temps nécessaire pour écouler ces eaux superficielles ? Revenons à notre hypothèse de biefs emmagasinant le tiers du liquide. Il est facile de trouver la vitesse dans le bief supérieur qui débite 1,400 litres par seconde ; on trouve une section moyenne de $1^m.14 \times 20 = 22.80$, et par suite une vitesse moyenne :

$$\frac{1.400}{22.80} = 0^m.062.$$

Ainsi le liquide dont il s'agit mettra pour parcourir les 125 kilomètres qui le séparent des embouchures

$$\frac{125000}{0.062 \times 3600} = 560 \text{ heures}$$

soit vingt-trois jours et un tiers. Lorsque cet écoulement sera terminé, il restera encore à débiter le tiers de l'eau tombée ; ce n'est donc pas exagérer que de fixer une durée de trente-six jours au débit complet de ce dixième de l'eau qui tombe dans un an. Par conséquent l'écoulement des eaux de pluie à la surface du sol durera toute l'année, et ce liquide, ainsi aménagé, aura la même utilité que celui des sources.

Il ne faut pas oublier d'ailleurs que nous nous sommes placé dans les circonstances les plus défavorables : une pluie débitant le dixième de ce qui tombe dans un an est excessivement rare; probablement depuis 1827 la chose ne s'est pas renouvelée dans le bassin de l'Ardèche. Or lorsqu'il s'agit d'une quantité moindre, l'écoulement s'opère avec bien plus de lenteur; si par exemple elle est d'un trentième de volume annuel, on pourra la débiter avec une lenteur réglée à volonté, puisqu'elle sera intégralement emmagasinée dans les réservoirs.

L'inégalité en longueur des vingt affluents considérés ne change rien évidemment au maximum du débit; elle peut toutefois occasionner une atténuation de ce maximum, si la longueur d'un des affluents est inférieure à 12 kilomètres.

Nous n'insisterons pas sur les immenses avantages d'une pareille transformation : meilleure alimentation des sources par un séjour plus prolongé du liquide sur les hauteurs, développement considérable des moyens d'irrigation; chutes d'eau industrielles et agricoles répandues à profusion sur le territoire; possibilité d'améliorer et de développer la navigation des cours d'eau basée sur : 1° une surélévation de l'étiage, 2° une grande diminution des crues, et 3° la cessation de tout dépôt de matières qui exhaussent et encombrent le lit; amélioration naturelle des ports sujets aux ensablements; ces matières solides sont toujours fournies par les cours d'eau, l'aliment manquera donc lorsque le liquide arrivera à la mer dans un parfait état de limpidité. Enfin, l'alluvionnement même de ces surfaces rocheuses, dépourvues de toute végétation, peut aussi s'opérer graduellement au moyen des barrages proposés. En effet, figurons-nous ces barrages, tracés dans les affluents suivant des lignes courbes présentant leur convexité à l'amont, prolongés de proche en proche sur les flancs de la montagne, à peu près dans la direction des courbes horizontales; ils pourront recevoir le liquide dans ces nouvelles cavités que l'on rendra étanches en recouvrant le parement d'amont du mur en pierres sèches d'un talus formé avec les terres des dépôts voisins. Naturellement ces lignes auront un profil beaucoup plus modeste que le barrage proprement dit, 1 mètre de hauteur sur $0^m,40$ à $0^m,50$ d'épaisseur environ; on pourra en établir plusieurs entre deux barrages consécutifs. Lorsque la ligne de plus grande pente de la montagne ne sera pas trop inclinée, cette opération sera assez fructueuse pour tenter l'industrie privée, surtout en y ajoutant le stimulant des encouragements.

Existe-t-il des moyens pratiques pour opérer une semblable transformation? L'activité humaine est presque toujours bien éclairée sur les choses qui l'intéressent, et en voyant l'abstention générale dans l'emploi de semblables moyens, un doute involontaire s'empare de l'esprit; on se dit : je n'aperçois pas l'obstacle, mais il doit y en avoir un d'insurmontable; le remède est trop simple pour n'avoir été aperçu qu'aujourd'hui. Oui, il y a un obstacle, et s'il n'est pas insurmontable, il est cependant assez difficile à franchir; mais cet obstacle est complétement artificiel, il réside tout entier dans les errements administratifs. Pour construire une digue, il faut en demander l'autorisation ; deux ou trois ans de démarches actives sont souvent nécessaires pour arriver au but : lorsque vous y arrivez, on insère dans le libellé du permis un petit article qui vous oblige à ménager dans le massif de la digue une vanne mobile qui double et triple quelquefois la dépense de cette construction, et cela pourquoi faire? pour laisser passer les eaux en temps de crue, c'est-à-dire pour détruire les bons effets que pourrait produire cet ouvrage sur le régime du cours d'eau. En France, on a généralement une grande confiance dans les lumières de l'administration, et en présence des mesures concertées pour arrêter le développement de ces sortes de travaux, il n'est venu à l'esprit de personne que, loin de nuire au régime des cours d'eau, ce genre de construction l'améliorait considérablement. Telle est la cause réelle de cette absence d'initiative individuelle qu'on pourrait nous opposer.

Imaginons cette proscription presque complète remplacée par des encouragements, vous verrez ces sortes de travaux s'élever partout comme par enchantement. Combien d'usines et de fabriques soumises à des chômages successifs et multipliés par les hautes et les basses eaux, dépenseraient avec grand plaisir des sommes importantes pour se préserver de ces deux fléaux! L'agriculture même, mieux éclairée sur ses véritables intérêts, ne tarderait pas à marcher dans cette voie : il n'existerait pas beaucoup de propriétaires laissant couler inutilement dans des affluents profonds l'eau qui peut assurer le succès de leurs cultures.

Pour établir et simplifier nos calculs, nous avons supposé un système régulier de barrages; mais cette régularité n'est pas indispensable. Toute digue dans les endroits où la vitesse est trop grande produit toujours de bons effets, puisqu'elle tend à diminuer cette vitesse et assure l'emmagasinage d'une nouvelle portion de liquide. On ne doit jamais perdre de vue cet axiome : à l'instant où la pluie cesse, toute l'eau tombée est égale à celle emmagasinée, augmentée du liquide écoulé par les embouchures; par conséquent, plus la première est grande, plus la deuxième est petite. Or c'est cette première quantité d'eau qui est la plus dangereuse, car elle correspond au plus fort débit.

Le seul inconvénient de ces travaux isolés est de nécessiter une plus grande solidité dans la construction : étant soumis, en effet, à l'action d'un liquide qui y arrive avec une assez grande vitesse, étant de plus sujet à être surmonté par une hauteur d'eau considérable, le barrage doit avoir des dimensions transversales capables de résister à l'un et à l'autre de ces efforts. Le premier n'a généralement pas une grande importance, car c'est au moment où l'eau frappe le pied du barrage qu'elle a une grande vitesse; plus tard, lorsque le réservoir est à peu près rempli, cette vitesse diminue graduellement, et c'est alors surtout la pression résultant de la hauteur d'eau qu'il faut considérer.

Imaginons une digue de 3 mètres de hauteur, destinée à soutenir des eaux pouvant s'élever à 10 mètres au-dessus de son pied ; la pression du liquide à cet endroit sera de 1 kilogramme par centimètre carré (une atmosphère), et à 3 mètres au-dessus, au niveau du seuil, elle est encore de 700 grammes, soit en moyenne 850 grammes. Sur les 3 mètres carrés de hauteur qui constituent 1 mètre courant de barrage, c'est donc un effort total de 25,500 kilogrammes, agissant un peu au-dessous du milieu de cette hauteur. Pour nous placer dans les circonstances les plus défavorables, supposons-le appliqué à 1 mètre et demi au-dessus du fond, le moment de cet effort qui tend à renverser la digue égale 25,500 × 1.50, soit 38,250. Supposons au massif un poids de 2,000 kilogrammes par mètre cube et désignons son épaisseur par x, le moment de stabilité de 1 mètre courant de barrage sera $\frac{1}{2}x^2 \times 6,000$; on devra donc avoir :

$$\frac{1}{2}x^2 \times 6000 = 38.500, \quad \text{d'où} \quad x = 3^{m}.60$$

L'épaisseur de ce barrage, dont les parements sont supposés verticaux, devra donc être égale à $3^{m}.60$.

Si nous réduisons la hauteur du barrage à 2 mètres et demi et celle du niveau des eaux au-dessus du fond à 5 mètres, l'effort à cet endroit est de 1/2 kilogramme par centimètre carré, et au niveau du seuil de 250 grammes seulement; la pression moyenne égale donc 375 grammes, ce qui fait sur les 25,000 centimètres carrés qui constituent la surface en hauteur de 1 mètre courant de digues, un effort total de 9,400 kilogrammes (en nombre rond), agissant à 1m.11 au-dessus du fond et produisant un moment de renversement égal à 9,400 $\times$ 1.11, soit 10,450; l'épaisseur x de la digue produisant un moment de stabilité égal à ce dernier résulte de l'égalité

$$\frac{1}{2}x^2 \times 5000 = 10450$$

qui donne une valeur de x égale à 2 mètres environ.

Ce sont là d'ailleurs des épaisseurs maxima; car dans les grandes crues, il y a à l'aval une hauteur d'eau qui presse le barrage en sens inverse et diminue d'autant celle d'amont. On peut faire remarquer encore qu'en conservant la même section aux maçonneries de la digue, on augmente sa stabilité par un tracé en talus du parement d'aval; toutefois, ce talus ne doit pas être assez prononcé pour que la veine fluide atteigne son pied, et conserve ainsi, en glissant sur ce parement, une certaine vitesse à son arrivée dans le bief d'aval. Enfin, on diminue le moment de renversement en adossant au parement d'amont un certain volume de gravier, sable ou pierraille.

Comme il s'agit ici d'un intérêt public du premier ordre, on peut admettre l'action directe de l'État dans l'exécution de ces travaux. Que coûterait l'organisation complète du bassin de l'Ardèche conformément aux indications précédentes ? Nous avons 2,500 kilomètres d'affluents, en espaçant moyennement les barrages, non de 1,000 mètres, comme nous l'avons dit, mais de 500 seulement (ils seront plus rapprochés dans les parties supérieures, où la pente est généralement plus forte et plus éloignée du côté des embouchures), on aura à construire cinq mille digues de 2 mètres de hauteur (en supposant le seuil de chaque déversoir établi au niveau du pied de la digue d'amont, la somme des hauteurs des deux cent cinquante barrages construits dans un affluent de 125 kilomètres de longueur, égalera la différence de niveau entre le sommet de la vallée et les embouchures : le chiffre de 2 mètres ci-dessus donnerait donc, pour cette différence, 500 mètres, hauteur bien supérieure à la véritable; nous exagérons donc la dépense en adoptant ce chiffre de 2 mètres) ; l'épaisseur à donner à cette digue supposée surmontée de 2 mètres d'eau égale environ 1^{m}.75 ; ces deux dimensions multipliées entre elles et par la longueur 20 mètres, donnent un cube de maçonnerie en pierres sèches égal à 70 mètres pour chacune des digues. On trouvera dans le lit même des affluents les matériaux nécessaires à ces constructions, et s'il faut ouvrir quelques carrières pour compléter ces travaux, on fera les extractions à peu près à pied d'œuvre : le prix de 4 francs le mètre cube, que nous adoptons, paraît donc suffire très-largement. C'est donc pour les maçonneries d'un barrage une dépense de 280 fr.

En général, dans le lit de tous ces affluents le roc est à nu, les frais de fondation seront donc à peu près nuls; ajoutons cependant une vingtaine de francs pour cet objet. Ajoutons aussi un couronnement en béton formant seuil de $0^m.20$ d'épaisseur sur 1 mètre de largeur (4 mètres cubes par digue), évalué à 20 fr. le mètre cube, c'est une augmentation de 80 fr.; portons encore 20 fr. pour recouvrir le parement intérieur de pierrailles ou gravier sur 1 mètre de hauteur, nous arriverons au chiffre total de 400 fr. par digue. C'est donc pour les cinq mille une dépense de 2 millions.

On ne doit pas oublier que ce chiffre de 400 fr. se rapporte à un affluent simple; dans la partie basse de la rivière, où vingt affluents sont réunis, nous comptons réellement 8,000 fr. par barrage. Cette somme peut être trouvée insuffisante pour les endroits où le lit recouvert de gravier exigera d'assez grands frais de fondations; mais nous ferons observer que les 20 fr. par digue, portés dans nos estimations pour cet objet, sont surtout motivées par ce genre de frais. D'ailleurs cette nature du lit indique que la vitesse est modérée en ces endroits, et là les digues seront d'une utilité secondaire, surtout avec les nouveaux débits bien inférieurs à ceux qui existent maintenant. Si cependant on veut les établir, on pourra se renfermer dans les limites du budget précédent en faisant de simples jetées en enrochement de médiocre grosseur : la base pouvant être affouillée, il y aura sans doute lieu à quelques rechargements ;

mais l'état normal s'établira au bout de peu de temps.

Malgré la faible étendue de son bassin, l'Ardèche est certainement l'ennemi le plus dangereux de la vallée du Rhône, et en portant à 30 millions la dépense que nécessiteraient les barrages des affluents de cette vallée, nous sommes certainement au-dessus de la vérité; cette dépense pourrait d'ailleurs se répartir sur plusieurs exercices. On barrerait d'abord les parties élevées de chaque rivière, et chaque année de travail amènerait certainement une amélioration notable. On verrait successivement les crues diminuer de hauteur, les étiages se relever, et lorsque les travaux seraient complets, la différence entre ces deux états deviendait très-peu sensible.

FIN.

Paris. — Imprimé par E. Thunot et Cie, rue Racine, 26.

www.ingramcontent.com/pod-product-compliance
Lightning Source LLC
LaVergne TN
LVHW012019160826
845678LV00002B/925

* 9 7 8 2 3 2 9 6 6 0 2 9 5 *